AF366543

MANUEL DU DISTILLATEUR AMATEUR

A L'USAGE

DES PERSONNES A LA CAMPAGNE

RECUEIL PRATIQUE

DES LIQUEURS DE TABLE, HYGIÉNIQUES, DES EAUX DE TOILETTE, ETC.

SUIVI D'UNE

MÉTHODE FACILE D'ESSAI DES VINS

PAR

ANDRÉ-PONTIER

CHIMISTE

PRIX : **2 FRANCS 50** C.

PARIS

Chez l'Auteur, boulevard du Temple, 24

1866

INTRODUCTION

Dans un siècle comme le nôtre, où l'indifférence n'est plus admise en matière de progrès, où chacun cherche à se rendre compte des actes et des phénomènes qui se produisent dans sa sphère, les inventions les plus simples, les procédés usuels sont appelés au contrôle de tous.

La méthode qui simplifie la distillation compliquée de nos anciens alambics et qui descend du laboratoire du chimiste dans les mains du simple particulier ; celle-là, dis-je, qui frappe à la porte des personnes les moins expérimentées, mérite attention ; si elle sort triomphante de cette épreuve, elle aura bien mérité de la Société, car elle aura subi le contrôle décisif de l'opinion publique.

La Société aussi y aura trouvé son compte, car chacun de ses membres aura dans ses mains un appareil simple dont le maniement ne récréera pas les sens sans intéresser l'esprit.

L'*Erorateur Kessler*, utilisé déjà dans les laboratoires spéciaux, nous a paru, dans son principe, être le véritable instrument destiné à combler la lacune qui existait ; restait à lui donner une construction plus spéciale, plus simple, qui lui permît d'être appliqué dans tous les cas sans danger.

Cette construction, nous croyons l'avoir trouvée et venons la soumettre au public, à une époque où le terrain se trouve tout préparé par le désir, le besoin d'instruction et de curiosité dont chacun est animé.

Description sommaire de l'Érorateur.

Un érorateur quel qu'il soit, est un vase servant de chaudière, recouvert d'un vase refroidi formant couvercle.

Dans tous les cas, le fond du couvercle est disposé de manière à condenser les vapeurs émises de la chaudière et à conduire les gouttelettes formées dans une rigole qui les déverse à l'état de liquide distillé.

Pour l'*Erorateur des ménages*, nous avons placé la rigole qui déverse les produits distillés dessous le couvercle refroidi, de telle sorte que, sans le secours du serpentin, les produits peuvent être recueillis suffisamment froids.

Il est évident au surplus que l'on obtient des liquides d'autant plus froids que l'on renouvelle plus souvent l'eau du couvercle condenseur.

Généralités.

Nous dirons aussi, une fois pour toutes, que pour obtenir des liqueurs agréables, la première des conditions à observer est d'employer des produits hors ligne, et que l'alcool étant la base de presque toutes ces préparations, c'est sur son choix que doit se porter toute l'attention.

Il est bien entendu aussi, que l'on devra nettoyer la rigole et le tube de déversement, à chaque opération.

Dans toutes ces recettes, chaque fois que le mot alcool est employé, cela signifie que c'est de l'alcool à 85°, ce qui représente la force des 3/6 du commerce. Quand, au contraire, le mot eau-de-vie est employé, cela veut dire alcool à 46°; on pourra donc employer de l'alcool à 46° chaque fois que le mot eau-de-vie sera indiqué. Quand on n'aura pas d'alcoomètre pour peser l'alcool, on mélangera en poids avec une balance 890 gr. d'eau pour 1000 gr. d'alcool 3/6 du commerce; on aura à peu près la force de l'eau-de-vie désirée et elle coûtera moins cher. On devra avant tout proscrire l'alcool de betterave et n'employer exclusiment que de l'alcool de vins.

Quant aux autres substances, on devra, si elles existent dans le commerce sous des aspects et à des prix différents, prendre la variété la plus chère, ce sera encore une économie.

Plan de l'Ouvrage.

Le plan que nous avons adopté, est celui qui répond le mieux aux besoins des amateurs auxquels notre livre s'adresse; nous ne nous sommes pas bornés, comme on le verra, à la distillation; nous avons résumé dans le plus petit volume possible tout ce qui peut intéresser les personnes, aujourd'hui si nombreuses, qui possèdent une propriété si petite qu'elle soit et qui sont bien aises d'en tirer parti en se récréant.

L'utilisation des produits perdus jusqu'à ce jour par le défaut d'appareils simples et d'un maniement facile, indemnisera promptement et largement les personnes qui en auront fait l'acquisition.

Dans la première partie de notre ouvrage, nous avons décrit les procédés usuels au moyen desquels chacun peut préparer des liqueurs ainsi que le faisaient nos pères, sans distillation.

Ces sortes de liqueurs comprennent deux groupes, correspondant à deux chapitres, l'un les *liqueurs ménagères*, l'autre les *ratafias proprement dits.*

Dans la seconde partie sont les produits obtenus par distillation.

Le chapitre Ier comprend : les eaux distillées simples et composées.

Le chapitre II comprend : les alcoolats ou esprits aromatiques qui forment la base des liqueurs par distillation.

Puis viennent les ratifias distillés.

Enfin les eaux-de-vie par fermentation.

Le chapitre III est réservé aux *produits hygiéniques.* Leur mode de préparation est le même que celui des précédents produits par distillation. Nous les avons séparés, plutôt à cause de leur destination, qu'à cause de leur mode préparatoire.

Enfin, nous les avons divisés en produits pour l'usage interne, et en produits pour l'usage externe.

La troisième partie est spéciale à la confection des produits obtenus par dessiccation artificielle à l'étuve; elle comprend les fruits confits, les conserves alimentaires desséchées, etc...

Enfin nous terminons en indiquant le procédé complet et simple d'analyse alcoolique des vins.

L'appréciation des recettes qui vont suivre étant une affaire de goût, nous comprenons d'avance que nous n'avons pu établir un dosage des différents ingrédients, tel que tout le monde en soit satisfait; nous admettons parfaitement que l'on puisse faire mieux que nous. C'est pourquoi nous avons intercalé une page blanche à chaque feuillet, destinée à recevoir les corrections et améliorations désirables, ainsi que le prix de revient.

Nous saurons même gré aux amateurs qui voudront bien nous communiquer le fruit de leur expérience, en nous donnant connaissance de leurs recettes pour que, dans une nouvelle édition, nous puissions en tenir compte.

OBSERVATIONS

PRIX DE REVIENT ET MODIFICATIONS DIVERSES

K.	GR.		F.	C.

PREMIÈRE PARTIE

LIQUEURS DE TABLE OBTENUES SANS DISTILLATION

Règles générales.

Elles sont toutes alcooliques; celles qui ne contiendraient que les principes des plantes dans l'eau sucrée, ne se conserveraient pas. Leur altération deviendrait évidente quand elles se troubleraient et qu'elles fermenteraient.

Elles consistent dans des infusions froides ou chaudes d'alcool, de vin ou d'eau-de-vie sur les substances aromatiques, en vase clos; la durée de l'infusion varie avec chaque substance, suivant sa nature et se trouve indiquée à chacune d'elles. Quand les substances sont sèches, on les écrase, pour qu'elles soient mieux imbibées par le liquide;

Quand elles sont vertes, on les coupe par menus morceaux avec un couteau, ou du moins on coupe la seule partie utile de la substance.

Les doses des différentes parties de ces liqueurs sont les suivantes à peu de chose près :

Sucre	500	grammes.
Eau	250 à 300	»
Alcool de vins à 85°	400	»

Un pareil mélange est suffisamment sucré et assez fort en esprit.

C'est à de pareilles doses qu'il suffit d'ajouter des essences ou des plantes aromatiques pour obtenir finalement une liqueur.

C'est aux particuliers à juger quelles quantités de plantes ou d'essence, ils doivent employer pour réussir dans leurs tentatives. Du reste, les recettes données ci-dessous les habitueront au maniement de ces produits.

En général aussi, on fera bien, quand on aura à opérer de pareils mélanges, de faire fondre préalablement le sucre et l'eau ensemble, en les

OBSERVATIONS

PRIX DE REVIENT ET MODIFICATIONS DIVERSES

K.	GR.		F.	C.

chauffant et constituant un sirop auquel il ne reste qu'à ajouter l'alcool ci-dessus indiqué pour faire la base des liqueurs de table qui nous occupent.

Du reste, voici la formule du sirop simple qu'il est plus facile d'employer que l'eau et le sucre qui l'ont formé.

> Sucre.................... 1,000 grammes.
> Eau 500   »

Faire fondre dans l'eau le sucre cassé; quand il est bouillant, on y verse un blanc d'œuf délayé dans un peu d'eau froide et l'on passe à travers une chausse. Cette préparation, que l'on peut conserver toute faite, représente les 2/3 de son poids de sucre, et s'emploie plus commodément que le sucre lui-même.

Il est à noter aussi que l'alcool indiqué dans les recettes ci-jointes doit marquer 85° au pèse-alcool de Gay-Lussac; si l'on employait de l'eau-de-vie, on devrait en prendre un tiers de plus que la formule ne l'indique, puisque l'eau-de-vie employée est plus faible en degrés que l'alcool prescrit.

CHAPITRE PREMIER

LIQUEURS MÉNAGÈRES DE FRUITS

Liqueur de Framboises.

> Sucre......................... .... 1 kil.
> Eau.............................. 1 lit. 1/2

Faites fondre à chaud et versez bouillant sur :

> Framboises écrasées............ 1 kil.

OBSERVATIONS

PRIX DE REVIENT ET MODIFICATIONS DIVERSES

K.	GR.		F.	C.

Recouvrez et laissez infuser 12 heures environ. Ajoutez :

Alcool à 85°. . . . . 1 lit.

Mélangez le tout et versez dans un vase dans lequel on laisse déposer les matières en suspension ; après quelques jours, passez à la chausse et mettez aussitôt en bouteilles. Liqueur très-suave.

Un verre de cette liqueur, mis dans une pièce de vin de Bordeaux ordinaire, lui donne du bouquet.

Liqueur de Fraises.

Opérez de la même manière avec les proportions suivantes :

Eau. . . . . 1 lit. 1/2
Sucre. . . . . 1 kil.
Fraises odorantes. . . . . 1 kil.
Alcool à 85°. . . . . 1 lit.

On laisse déposer et on filtre ; la liqueur s'éclaircit plus difficilement que la précédente. Mais elle est également agréable quand on a employé de petites fraises odorantes et qu'on les a écrasées tout aussitôt qu'elles ont été cueillies.

Pour obtenir un liquide plus limpide, on peut écraser avec les fraises une petite poignée de groseilles vertes bien aigrelettes.

Liqueur de Cerises.

On opère comme ci-dessus avec les doses suivantes :

Cerises noires. 500   grammes.
Cerises aigres. 500   »
Eau . . . . 1 lit. 1/2
Sucre. . . . . 1 kil. 250   »
Alcool à 85° . . . .   »   750   »
Kirsch. . . . . 1/2 lit.

OBSERVATIONS

PRIX DE REVIENT ET MODIFICATIONS DIVERSES

K.	GR.		F.	C.

L'infusion de l'alcool et du kirsch avec les autres substances se fait au soleil pendant quelques jours, dans un vase recouvert d'une toile ; cette manière d'opérer retire de la force à la liqueur sans lui enlever son bon goût. La durée de l'infusion au soleil varie avec le goût des personnes, c'est pourquoi nous ne la déterminons pas. Il est évident, du reste, que plus elle serait de longue durée, moins la liqueur serait forte.

Liqueur de Groseilles rouges.

Egrenez et écrasez Groseilles bien mûres... 1 kil.
Vanille............... 0 gr. 50 centigr.

Mettez infuser un mois dans :

Alcool de vin .... 1 lit.

Soutirez, ajoutez fondus en sirop :

Sucre .... 500 gr.
Eau................. 300 »

Laissez déposer pendant trois jours, filtrez.

Liqueur de Groseilles à Maquereau.

Se prépare comme celle de groseilles ci-dessus et se parfume avec un peu de framboises.

Liqueur des Quatre Fruits.

Fraises.......
Framboises ...
Groseilles..... } de chaque... 500 grammes.
Cassis........

Alcool de vins............. 3 lit.
Vanille.................. 1 gramme.

OBSERVATIONS

PRIX DE REVIENT ET MODIFICATIONS DIVERSES

K.	GR.		F.	C.

Laissez infuser deux mois en égrenant et écrasant les fruits, soutirez et ajoutez :

Sucre........ 1 kil. 875 gr.
Eau .... 1 lit.   } fondus en sirop.

Filtrez, laissez vieillir pour assurer le mélange des différents parfums contenus dans cette liqueur.

Liqueur de Poires Rousselet.

Prendre les poires saines et mûres, les éplucher et les râper ; déposer le tout, chair et jus, pendant 48 heures à la cave, exprimer et ajouter au jus partie égale d'alcool fort de vin et un gramme de vanille ; abandonner un mois, soutirer, ajouter par chaque litre de jus retiré 750 grammes de sucre fondu dans moitié de son poids d'eau ; mêlez et filtrez.

Liqueur de Coings.

Agissez comme pour la liqueur de poires. Une autre recette plus compliquée est donnée page 27.

Liqueur de Tilleul.

Prenez des fleurs de tilleul bien mûres et fraîches, mettez-les dans un bocal, recouvrez-les d'alcool de vin fort ; laissez-les ainsi pendant quinze jours ; soutirez, et ajoutez par chaque litre d'infusion 750 grammes de sucre fondu dans un litre d'eau.

Cette liqueur convient particulièrement aux dames dans les cas où elles prennent des infusions de fleurs de tilleul.

Liqueur de Raisin sans sucre.

Egrener des raisins très-mûrs et très-sucrés, les mettre dans un bocal, les recouvrir d'eau-de-vie forte, et laisser infuser un mois. Après ce temps, séparez les grains, écrasez-les pour en recueillir le jus que

OBSERVATIONS

PRIX DE REVIENT ET MODIFICATIONS DIVERSES

K.	GR.		F.	C.

l'on ajoute à l'eau-de-vie, et l'on remet le tout pendant un mois dans le bocal pour laisser éclaircir ; soutirez, filtrez, laissez vieillir.

Suivant les années et l'état de la maturité des raisins, on peut sucrer après coup.

Liqueur de Raisin muscat.

Cette liqueur savoureuse contient :

Muscat bien mûr, parfumé, sucré et écrasé... 2 kil. 500
Alcool de vin à 85°......... 2   »

Laissez infuser un mois, exprimez et passez.
Ajoutez :

Sucre. .... 3 kil.
Eau 1   500

Laissez reposer huit jours, filtrez, laissez vieillir dans un lieu sec.

Liqueur de Fleurs d'oranger.

D'une part on fait infuser à froid pendant 24 heures :

Pétales blancs de fleurs d'oranger... 125 gr.
Eau-de-vie fine blanche .... 2 lit.

Agitez de temps en temps, versez dessus le sirop suivant bouillant :

Sucre...................... 750 gr.
Eau .... 500 gr.

Laissez infuser jusqu'à refroidissement dans un vase clos, pour éviter la vaporisation de l'alcool, et filtrez.

Il faut avoir soin de n'employer exclusivement que les pétales blancs des fleurs, à l'exclusion complète de la matière jaune qui est amère et désagréable.

Liqueur d'Écorces d'oranges douces.

Cette liqueur qu'il ne faut pas confondre avec le curaçao se prépare ainsi :

OBSERVATIONS

PRIX DE REVIENT ET MODIFICATIONS DIVERSES

K.	GR.		F.	C.

On enlève la partie très-mince jaune des oranges, sans prendre la partie blanche qui est amère et désagréable. Cette portion s'appelle le zeste, on en pèse soixante grammes, que l'on met infuser un mois dans un litre d'alcool à 85° ; on passe en exprimant, et l'on ajoute :

Sucre................ 750 gr. }
Eau .... 1 lit. } fondus en sirop.

Laissez éclaircir et filtrez.

Liqueur d'Écorces de citron.

Cette liqueur se prépare comme la précédente, en ayant soin toutefois de ne pas se servir de la portion blanche de l'écorce.

On peut dans celle-ci laisser infuser la portion charnue du fruit à l'exclusion des pépins et de la partie blanche ; on donne ainsi une légère acidité qui n'est pas désagréable dans la liqueur.

Cette acidité plaît surtout lorsqu'en été on coupe la liqueur avec de l'eau de Seltz, ou bien qu'en hiver on l'additionne d'eau bouillante dans un verre ; on obtient ainsi un grog américain supérieur comme goût, parce qu'il a pour base l'alcool de vin toujours préférable aux alcools de betterave et de pomme de terre.

Cette supériorité est surtout remarquable quand les produits sont utilisés chauds à l'état de grogs.

Les liqueurs ci-dessus sont délicieuses à boire pures, elles forment aussi une boisson des plus agréables en été, quand on les délaye dans un verre d'eau fraîche ou d'eau gazeuse naturelle ou artificielle ; elles constituent enfin des boissons qui ont le mérite de ne pas débiliter l'esto-mac et de ne pas pousser à la transpiration excessive qu'occasionne la bière.

CHAPITRE II

DES RATAFIAS

Les ratafias dont nous allons nous occuper, diffèrent des ratafias distillés que nous étudierons un peu plus loin.

OBSERVATIONS

PRIX DE REVIENT ET MODIFICATIONS DIVERSES

K.	GR.		F.	C.

Ceux-ci constituent des liqueurs de table, dont la fabrication est à la portée de tout le monde, puisqu'ils ne nécessitent pas d'appareil spécial ; ils sont en cela plus faciles à préparer, mais leur saveur est moins agréable que ceux obtenus par distillation.

Avant de donner les recettes des ratafias par infusion, nous prévenons que nous n'avons tenu aucun compte de la couleur finale du produit obtenu ; il faut donc s'attendre à ne pas leur trouver la même coloration que ceux du commerce, par la raison bien simple que celle des fabricants est tout artificielle et n'est même pas pareille chez tous.

Toutefois, pour rassurer sur la nature des couleurs employées pour colorer les liqueurs, nous dirons que la couleur rouge est fournie par la cochenille, la jaune par le safran privé d'odeur, la bleue par le le bleu en liqueur ou indigo liquide, la verte par le mélange du bleu et du jaune. Nous ne parlons pas ici des couleurs plus communes, telles que celles fournies par le jus d'épinards et autres herbes.

Ratafia d'Angélique.

Tiges fraîches d'angélique coupées..	30 gr.
Amandes amères concassées........	30 »
Eau-de-vie fine..................	1385 »

Faites infuser le tout quatre jours, et ajoutez :

Sucre...........	500 gr.	fondus en sirop.
Eau............	1500 »	

Filtrez le tout dans les 12 heures.

Ratafia des six graines.

Graines d'anis...........	30 grammes.	
— de fenouil	30	»
— d'aneth..........	30	»
— de coriandre......	30	»
— de carvi........	50	»
— de daucus de Crète	30	»

OBSERVATIONS

PRIX DE REVIENT ET MODIFICATIONS DIVERSES

K.	GR.		F.	C.

Alcool de vins à 85°.   800   grammes.
' Sucre.   1,000   »
Eau   600   »

Opérez comme ci-dessus.

Ratafia d'Anis.

Anis vert. . . . .   45 grammes.
Eau-de-vie blanche.   1,500   »

Faites infuser huit jours, passez et ajoutez le sirop suivant :

Sucre. . . . .   800 grammes.
Eau.   800   »

L'eau-de-vie blanche à employer se fait par le dédoublement de 1,000 grammes d'alcool 3/6 de vin avec 800 grammes d'eau.

Ce ratafia donne un produit qui ressemble à l'anisette (*Voir* plus loin page 53).

Ratafia de Genièvre.

Grains de genièvre sains et fraîchement récoltés   50 grammes.
Eau-de-vie forte.   1,000   »

Écrasez les grains, faites infuser 15 jours en agitant de temps à autre et exposant au soleil dans un bocal couvert, passez et ajoutez :

Sucre. 550 ⎱
Eau .. 500 ⎰ fondus en sirop.

Ratafia, dit Bitter des Hollandais.

Racine de gentiane. . . . .   15 grammes.
Orangettes   15   »
Cannelle.   4   »
Calamus aromaticus.   4   »
Racine d'aunée.   2   »
Coriandre.   12   »

OBSERVATIONS

PRIX DE REVIENT ET MODIFICATIONS DIVERSES

K.	GR.			F.	C.

Réduire le tout en poudre grossière, faire infuser huit jours dans :

Eau-de-vie de genièvre, 2 litres.

Agiter de temps en temps, passer et ajouter :

Sucre.... .... 100 grammes.

Dès qu'il est fondu, mettre en bouteilles.
Conserver d'une année sur l'autre pour mettre en consommation.
Ce bitter a l'avantage de former une liqueur des plus saines : elle ouvre l'appétit sans débiliter l'estomac, mais il en est d'elle comme de toutes celles qui se prennent avant le repas, on doit nourrir l'estomac peu de temps après les avoir prises ; sans cette précaution, elles entravent la digestion en fatiguant le système nerveux.

Ratafia, dit de Brou de noix.

Noix venant de se nouer avec leur brou, environ 60.

Eau-de-vie...................... 5 litres.

Écraser les noix dans un mortier, ou avec une bouteille sur une table, et faire infuser pendant un mois. Ajouter :

Sucre.................... 200 grammes.

Agiter de temps en temps en laissant exposé au soleil dans un bocal couvert d'un linge. Après un mois, ajouter :

Girofles.................... 3 grammes.
Macis .... 1 gramme.
Cannelle.................... 5 grammes.

Laissez infuser huit jours, passez à la chausse et filtrez au papier. Cette liqueur est bonne et n'est pas appréciée à sa valeur, parce que les précautions ci-dessus ne sont pas ponctuellement observées ; de plus, elle ne doit être consommée que deux ou trois années après sa préparation, pour que les essences diverses aient eu le temps de se mélanger intimement. Enfin on fera bien, pour avoir un produit supérieur, d'exposer les bouteilles au froid en hiver et à la chaleur en été.

OBSERVATIONS

PRIX DE REVIENT ET MODIFICATIONS DIVERSES

K.	GR.		F.	C.

Cette liqueur, préparée longtemps à l'avance, est un des stomachiques les plus puissants, sans être pour cela échauffante.

Nos pères l'appréciaient beaucoup et lui attribuaient des propriétés réconfortantes.

Ratafia de Cacao.

Cacao caraque	60 grammes.
— des îles	250 »
Vanille	75 centigrammes.
Eau-de-vie fine..............	2,000 grammes.

Prenez le cacao tout torréfié et tout pulvérisé, coupez la vanille en petits morceaux et laissez infuser un mois. Ajoutez le sirop suivant :

Sucre	750 grammes.
Eau....	750 »

Passez à la chausse et filtrez.

Ratafia de Café.

Café moka à demi-torréfié.. 500 grammes.

Jeter dessus un litre d'eau froide, le laisser pendant une heure, passer et laisser égoutter, faire infuser le marc de café humide dans :

Eau-de-vie.... 3 k. 500 pendant un mois.

Ajoutez :

Sucre..... 625 ⎫
Eau ...... 625 ⎬ fondus en sirop.

Passez.

Ratafia de Cassis ordinaire.

Cassis mondé de ses rafles et écrasé...	1 k.	500
Eau-de-vie fine	4	200
Sucre........................	8	500

Laissez infuser le tout un mois dans un vase recouvert d'une toile,

OBSERVATIONS

PRIX DE REVIENT ET MODIFICATIONS DIVERSES

K.	GR.		F.	C.

agitez de temps en temps pour faire fondre le sucre et ajoutez, enfermé dans un nouet :

Girofle   2   gr.
Cannelle   6   »
Macis   1   »

Laissez infuser huit jours, passez le tout et filtrez.

Ratafia de Cassis blanc.

Jeunes pousses de cassis, deux poignées ou . . .   30 gr.
Eau-de-vie . . . .   2 lit.

Laissez infuser un mois, soutirez et ajoutez :

Sucre . . . . . 500 ⎰
Eau . . . . . . 500 ⎱ fondus en sirop.

Filtrer, laisser vieillir dans un lieu sec.

Ratafia de Coings.

Suc dépuré de coings . . . .   1,500 gr.
Eau-de-vie fine   600   »
Sucre   600   »
Amandes amères pilées   8   »
Cannelle   5   »
Coriandre   4   »
Macis   2   »
Girofle   1   »

Faites macérer 15 jours au plus, passez et filtrez.

Nota. — Il est important que le suc de coings soit dépuré, sa dépuration se fait le plus simplement, en abandonnant le suc exprimé, dans une terrine, à la cave jusqu'à clarification complète. Elle demande deux à trois jours.

OBSERVATIONS

PRIX DE REVIENT ET MODIFICATIONS DIVERSES

K.	GR.		F.	C.

Ratafia d'Écorces d'oranges amères ou Curaçao.

Zestes secs d'écorces d'oranges amères. 250 grammes.
Girofle . . . . 4 »
Cannelle . . . . 8 »
Eau-de-vie . . . . 5 lit.

Faites infuser huit jours et ajoutez :

Sucre . . 1,250)
Eau . . . . 600) fondus en sirop.

Si on désire lui donner, comme à celui des liquoristes, la propriété de rougir à l'air, on met infuser dans l'eau-de-vie, avec les autres substances :

Bois de Fernambouc râpé. . . . 15 grammes.

Ratafia, dit Escubac ou Scubac de Lorraine.

Safran . . . . 10 gr.
Jujube . . . . 20 »
Dattes . . . . 15 »
Raisins de Corinthe. . . . . 15 »
Anis . . . . 1 »
Coriandre. . . . . 1 »
Cannelle. . . . . 1 »
Eau-de-vie . . . . 650 »

Faites infuser quinze jours, passez en exprimant fortement à travers un linge serré, ajoutez :

Sucre. . . . 320)
Eau . . . . . 150) fondus en sirop.

Ratafia de Noyaux.

Noyaux d'abricots . . . . N° 60
Eau-de-vie. . . . . 1,000 gr.

On prend les amandes fraîches des noyaux, on les laisse infuser un mois.

OBSERVATIONS

PRIX DE REVIENT ET MODIFICATIONS DIVERSES

K.	GR.		F.	C.

Ajoutez :

Sucre......... 150 gr. et filtrez.

Ratafia d'Œillets.

Pétales d'œillets rouges........ 500 gr.
Cannelle.....................   1 »
Girofle ....   1 »
Eau-de-vie.................. 1,000 »

Faites infuser quinze jours, exprimez, ajoutez :

Sucre.......... 125 gr. et filtrez.

Ratafia de Vanille.

Alcool de vin à 85°........ 1,000 gr.
Vanille du Mexique........   8 »

Faites infuser deux jours, filtrez et ajoutez le sirop suivant :

Sucre.......... 1,330 grammes.
Eau   670   »

Ratafia, dit Vespetro.

Graines d'angélique ....   60 gr.
  —   coriandre........   60 »
  —   anis ....   8 »
  —   fenouil ....   8 »
Eau-de-vie.............. 2,000 »

Faites infuser huit jours, ajoutez le sirop suivant :

Sucre......................... 500 gr.
Eau .... 500 »

Mêlez le tout, laissez reposer 2 jours et filtrez. Liqueur très-agréable et salutaire pour prévenir ce qu'indique son nom, dans les cas de digestion incomplète.

OBSERVATIONS

PRIX DE REVIENT ET MODIFICATIONS DIVERSES

K.	GR.		F.	C.

Ratafia de Garus.

Alcool de vin à 85°............	1000	gr.
Alcoolat de framboises (page 51)..	250	»
Teinture de cannelle...........	5	»
» de girofle.............	7	»
» de myrrhe............	4	»
» d'aloès	2	» 50
Safran entier.................	3	»
Eau de fleurs d'oranger........	80	»
Sirop de tolu................	150	»
» simple	2800	»
Lait de vache................	650	»

Laissez infuser 3 ou 4 jours au plus, filtrez et mettez en bouteille.

Ne pas laisser infuser plus longtemps, surtout en été, car la chaleur détermine la formation de goûts nauséabonds et acides au contact de la crème du lait.

Cerises à l'eau-de-vie.

A la suite des ratafias, nous avons cru bien faire de donner cette recette. Bien que beaucoup de personnes en aient une qui leur a été transmise de génération en génération, nous donnons celle-ci à cause de la supériorité du produit qu'elle donne.

Cette supériorité, elle la doit principalement au procédé même de sa préparation, qui est des plus logiques ; ce procédé consiste à préparer et à aromatiser à l'avance la liqueur destinée à recevoir les cerises ; de plus, comme dans cette sorte de préparation c'est surtout le jus que l'on préfère, nous y avons fait entrer du jus de cerise noire, qui est parfumé et coloré comme on le sait.

Quoi qu'il en soit, voici notre recette :

Cerises noires privées de noyaux et écrasées.....................	1 kil.	»
Framboises écrasées...........	»	500
Eau-de-vie blanche............	1	»

OBSERVATIONS

PRIX DE REVIENT ET MODIFICATIONS DIVERSES

K.	GR.		P.	C.

Ajoutez les amandes écrasées des noyaux des cerises et :

Cannelle.... 2 gr. } renfermées dans un nouet.
Vanille..... 4 »

Faites macérer quinze jours, filtrez, et ajoutez :

Sucre..................... 250 gr.

C'est dans cette liqueur, que l'on peut sucrer plus ou moins suivant son goût, que l'on plonge les cerises piquées dont on a coupé les queues.

DEUXIÈME PARTIE

PRODUITS OBTENUS PAR DISTILLATION

CHAPITRE PREMIER

EAUX AROMATIQUES DISTILLÉES

Eau distillée simple.

La première de toutes les préparations à pratiquer, est celle de l'eau distillée simple; c'est la plus facile et en même temps celle qu'il suffit de savoir faire pour avoir pleine connaissance de l'appareil qui sert à obtenir toutes les autres distillations.

Quand on aura fait deux fois de l'eau distillée dans l'érorateur, il n'est personne, si peu expérimenté qu'il puisse être, qui ne sache à l'avenir en diriger le chauffage et le refroidissement.

OBSERVATIONS

PRIX DE REVIENT ET MODIFICATIONS DIVERSES

K.	GR.		F.	C.

Il suffit de mettre de l'eau dans la chaudière A, de la recouvrir de

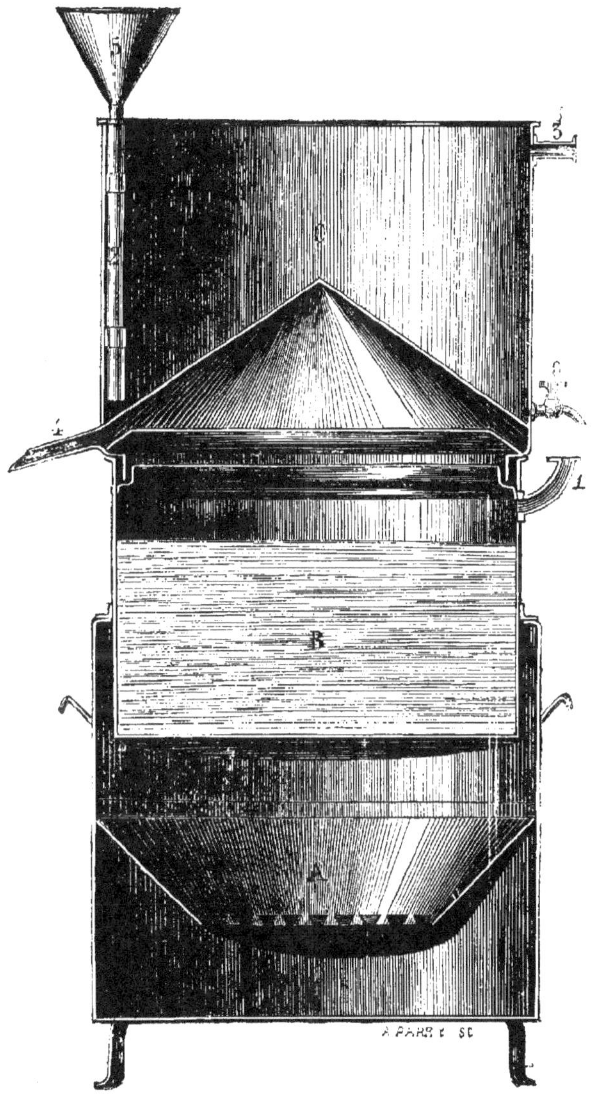

son couvercle C ; de chauffer la chaudière d'une part, pendant que

OBSERVATIONS

PRIX DE REVIENT ET MODIFICATIONS DIVERSES

K.	GR.		F.	C.

l'on fait courir un léger courant d'eau froide sur le couvercle, à mesure que celle qui y est s'échauffe trop ; plus on chauffe et plus on refroidit, plus grand est le débit par le tube 4.

Cette manipulation est tellement simple, que nous n'hésitons pas à croire que tout le monde peut la réussir du premier coup. Cependant on doit faire une opération comme celle-ci à blanc, quand ce ne serait que pour étudier un peu la marche de l'appareil et le nettoyer avant d'y faire des produits fins qui, sans cela, entraîneraient forcément un goût métallique.

Ceci posé, il n'y a rien de plus facile que de faire une eau distillée aromatique, et c'est par là même que l'érorateur sera surtout apprécié, car si tout le monde ne consomme pas de liqueurs distillées qui nous occuperont plus loin, il n'est personne qui ne soit en état d'apprécier la bonne eau de fleurs d'oranger, par exemple, ou l'eau de menthe, de roses, etc.

Eau distillée de Fleurs d'oranger.

On place dans la chaudière B une quantité d'eau quelconque, les deux tiers environ ; on plonge dans le sein de l'eau le panier D contenant un poids connu de fleurs entières d'oranger, sans qu'il soit besoin de les monder, soit par exemple 250 grammes ; on recouvre avec le couvercle refroidi C et l'on chauffe ; la distillation ne tarde pas à s'effectuer ; on la laisse se faire jusqu'à ce qu'on ait recueilli un poids d'eau aromatique double de celui des fleurs employées, soit 500 grammes. Cet eau est celle que l'on nommait anciennement eau de fleurs d'oranger double, mais que l'on trouverait aujourd'hui difficilement dans le commerce sous son étiquette. Si on ne recueillait qu'un poids d'eau aromatique égal à celui des fleurs, on aurait l'eau distillée de fleurs d'oranger quadruple. Il est important de chauffer modérément la chaudière, surtout au début de l'opération, pour avoir plus de finesse dans le produit.

Enfin la conservation de l'eau de fleurs d'oranger dépend du bouchage pratiqué ; celui-ci ne doit pas être hermétique, il doit être

OBSERVATIONS

PRIX DE REVIENT ET MODIFICATIONS DIVERSES

K.	GR.		F.	C.

fait avec un bouchon qui porte une échancrure longitudinale donnant accès à l'air.

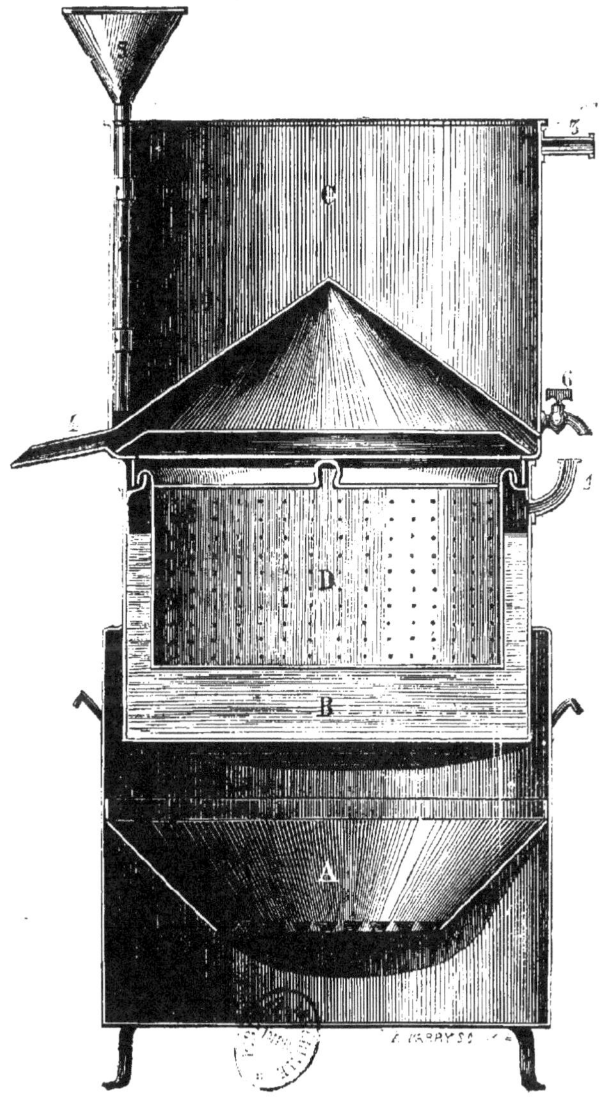

Le mode d'opérer étant le même avec toute cette classe de produits,

OBSERVATIONS

PRIX DE REVIENT ET MODIFICATIONS DIVERSES

K.	GR.		F.	C.

nous n'en répéterons pas le détail, nous donnerons seulement les pro-

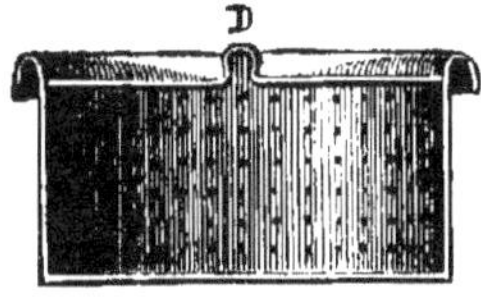
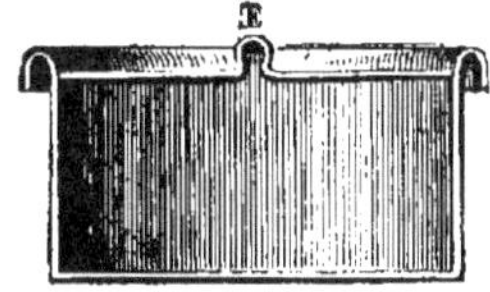

portions de quelques-unes de ces eaux, dont l'emploi, du reste, est limité. (*Voir* aux produits hygiéniques, page 63.)

Eau distillée de Roses.

Pétales de roses odorantes.....   250 grammes.

Retirez un poids égal à celui de la fleur employée. S'emploie dans le ratafia de roses (page 65).

Eaux distillées de Fruits.

Ces variétés d'eaux ne peuvent s'obtenir avec le procédé que nous donnons qu'avec l'érorateur ; ce procédé, dont la découverte nous appartient, permet, étant donné un fruit, d'en retirer, d'une part, une partie du parfum évaporé en pure perte jusqu'à ce jour, et, d'autre part, la chair du fruit cuite qu'il ne reste plus qu'à sucrer pour avoir une véritable compote.

Nous décrirons tout entier ce procédé que nous ne brevetons pas pour que chacun puisse l'exploiter et en faire une source de richesse, surtout les industriels qui l'essayeront les premiers.

Procédé : Prendre des fruits sains, abricots, poires, fraises, etc., en retirer la chair aussi soigneusement que si l'on voulait en faire une compote, réduire la chair en pulpe ; la placer dans le seau E que l'on plonge dans la chaudière recouverte de son couvercle refroidi. On chauffe. L'eau de végétation du fruit ne tarde pas à distiller, entraînant avec elle une partie de l'arome. Cette eau aromatique a son emploi, comme nous le verrons à l'article ci-dessous, à l'article : *Utilisation des eaux aromatiques.*

Quant à la chair du fruit, on la sucre comme on le ferait d'une compote ou d'une charlotte.

OBSERVATIONS

PRIX DE REVIENT ET MODIFICATIONS DIVERSES

K.	GR.		F.	C.

Eau distillée de Vanille.

Elle s'obtient en coupant la vanille en petits morceaux et la divisant avec du grès pilé dans un mortier, de manière à ce qu'elle puisse mieux abandonner son arome.

On la place avec de l'eau dans le seau E, disposé comme ci-dessus, et l'on distille; on acquiert une eau distillée au bain marie, très-suave.

C'est encore une distillation que l'érorateur seul permet d'obtenir.

Utilisation des Eaux distillées.

Toutes les eaux distillées perdent plus ou moins de leur saveur avec le temps; en général, elles ne se conservent pas plus d'une année, quelquefois moins; on peut les utiliser mieux en les sucrant et les convertissant en sirop; pour cela, on met du sucre à fondre, sans le chauffer, dans la proportion de 1 kil. 800 de sucre pour un litre d'eau aromatique; on remue fréquemment jusqu'à dissolution complète du sucre et l'on filtre au papier.

On obtient ainsi des sirops très-agréables de fleurs d'oranger, de menthe, de vanille, d'abricots, etc., qui sont exquis de finesse à prendre dans un verre d'eau comme rafraîchissement.

Produits alcooliques.

Ici encore on devra faire, comme pour la distillation de l'eau, un essai préliminaire qui enseignera la marche de l'appareil dans le cas particulier de l'alcool, la conduite du feu, etc.

On fera donc une opération à blanc, en plaçant dans le seau E, suspendu dans l'eau, une quantité connue d'alcool, 1/2 litre, par exemple, dont le degré est connu, et chauffant jusqu'à ce que l'on ait recueilli 1/2 litre de liquide distillé; ce liquide pesé au pèse-alcool doit indiquer à peu de degrés près la même force que l'alcool employé. Dans ces opérations, il est plus important que précédemment de refroidir le couvercle C, pour éviter les évaporations d'alcool. Au surplus, il est

OBSERVATIONS

PRIX DE REVIENT ET MODIFICATIONS DIVERSES

K.	GR.		F	C.

toujours possible, si, par hasard, il y avait déperdition d'alcool, de faire arriver l'alcool au fond d'une bouteille plongée elle-même dans l'eau froide.

Cette précaution sera rarement nécessaire, mais elle suffira amplement et économiquement au refroidissement absolu de l'alcool; c'est pourquoi nous l'indiquons, bien qu'elle ne soit pas de toute nécessité.

CHAPITRE II

§ Ier. — ALCOOLATS OU ESPRITS AROMATIQUES DISTILLÉS

Alcoolat de Fleurs d'oranger

Eau-de-vie . . . .   1,000 gr.
Fleur d'oranger.   100   »

Laissez infuser dix jours environ; mettez dans le seau E de l'érorateur; plongez ce seau dans l'eau de la chaudière, dont vous laisserez un des tubes 1 ouvert; conduisez le feu modérément, surtout au début; si on n'est pas à même de refroidir suffisamment, on conduit le liquide distillé au fond d'une bouteille plongée dans l'eau froide; on laisse distiller jusqu'à ce que l'on ait recueilli 600 grammes de produit.

Nous avons donné cette recette la première, parce que c'est son usage que l'on sera à même de répéter le plus souvent, à cause de la présence des fleurs d'oranger dans tous les jardins, et aussi par suite de l'emploi fréquent que l'on peut faire de l'esprit de fleurs d'oranger, soit comme boisson dans un verre d'eau sucrée, soit comme produit hygiénique des plus suaves.

On peut faire de même, et avec les mêmes précautions, les alcoolats ou esprits suivants dans les proportions ci-dessous.

Alcoolat de Citrons.

Eau-de-vie . . . .   1,200 gr.
Zeste frais de citrons.   600   »

OBSERVATIONS

PRIX DE REVIENT ET MODIFICATIONS DIVERSES

K.	GR.		F.	C.

Ces zestes doivent être coupés menu, et l'infusion, qui précède la distillation, doit durer huit jours; recueillez 800 grammes de produit distillé.

Alcoolat d'Oranges.

Zestes d'oranges frais.......... 100 gr.
Eau-de-vie........ .... 1,000 »

Laissez infuser quinze jours; distillez; recueillez 600 grammes de produit.

Alcoolat de Cédrats.

Cédrats.................... 600 gr.
Eau-de-vie................. 1,200 »

Laissez infuser un mois; distillez; recueillez 800 grammes de produit.

Alcoolat d'Œillets.

Pétales d'œillets............. 200 gr.
Eau-de-vie................. 1,000 »

Faites infuser huit jours; distillez pour retirer 600 grammes de produit.

Alcoolat de Girofles.

Girofles.................... 125 gr.
Eau-de-vie................. 1,500 »

Concassez les clous de girofles, faites infuser deux jours; distillez pour recueillir 1,000 grammes de liquide distillé.

Alcoolat de Cannelle.

Cannelle fine .... 125 gr.
Eau-de-vie................. 1,500 »

Concassez la cannelle, faites infuser dans l'alcool pendant quatre jours; distillez 1,000 grammes de produit; sert de base à d'autres liqueurs.

OBSERVATIONS

PRIX DE REVIENT ET MODIFICATIONS DIVERSES

K.	GR.		F.	C.

Alcoolat de Roses.

Feuilles de roses. . . . . 1,000 gr.
Eau-de-vie 1,500   »

Laissez infuser vingt-quatre heures, distillez au bain marie, recueillez 1,000 gr. de produit.

S'emploie comme celui de fleurs d'oranger à l'intérieur (voir Ratafia de roses), ou à l'extérieur comme eau de toilette.

Alcoolat de Safran.

Safran . . . .   10 gr.
Alcool à 85°.   400   »
Eau   100   »

Laissez infuser huit jours et filtrez ; distillez pour obtenir 350 gr. de produit.

Alcoolat de Framboises.

Framboises mondées et écrasées. . . . . .   600 gr.
Eau-de-vie   300   »

Laissez infuser vingt-quatre heures, filtrez, distillez pour recueillir 200 gr. de produit.

Alcoolat de Vanille.

Vanille coupée menu . . . .   20 gr.
Potasse du commerce   5   »
Alcool à 85°.   350   »

Laissez infuser huit jours, ajoutez :

Eau   350   »

Distillez pour retirer 350 gr. de produit distillé.

Tous ces alcoolats ont les mêmes usages et sont destinés à être consommés étendus d'eau, et sucrés ou purs, pour aromatiser des gelées d'entremets.

OBSERVATIONS

PRIX DE REVIENT ET MODIFICATIONS DIVERSES

K.	GR.		F.	C.

Alcoolat d'Absinthe composé.

Feuilles d'absinthe . . . .   250 gr.
Grains de genièvre . . . .   30 »
Cannelle. . . . .   8 »
Racine d'angélique . . . .   2 »
Eau-de-vie . . . . 1,250 »

Faites infuser quinze jours, distillez 800 gr. de produit, remettez 800 gr. sur le marc resté dans le seau et redistillez doucement.

Peut s'employer pur ou sert à faire l'absinthe suisse ordinaire.

§ II. — RATAFIAS DISTILLÉS

Ratafia d'absinthe ou absinthe Suisse.

Sucre. . . . . 625 gr.
Eau de fleurs d'oranger. . . . . . 90 »
Eau . . . . 625 »
Blanc d'œuf. . . . . .N°   1 »

Faites fondre le sucre dans l'eau ; quand il sera fondu, ajoutez l'eau de fleurs d'oranger, dans laquelle on aura battu le blanc d'œuf ; ajoutez :

Alcoolat d'absinthe composé. . 860 gr.

Chauffez un peu le tout au bain marie fermé pour favoriser le mélange des essences, laissez refroidir et filtrez.

Ratafia d'anis ou anisette de Bordeaux.

Anis étoilé. . . . . 500 gr.
Coriandre. . . . . 30 »
Fenouil. . . . . 30 »
Alcool à 85°. . . . . 3,000 »
Eau . . . . 2,000 »

Faites infuser les fruits concassés quatre jours dans l'eau et l'alcool mélangés, distillez doucement pour recueillir 5 litres seulement

OBSERVATIONS

PRIX DE REVIENT ET MODIFICATIONS DIVERSES

K.	GR.		F.	C.

de liquide, laissez vieillir six mois le produit ; au bout de ce temps, ajoutez un peu de colle de poisson dissoute dans l'eau pour clarifier la liqueur, et le sirop suivant :

        Eau..................... 4,000 gr.
        Sucre.................. 3,000 »

Mêlez, abandonnez le tout et filtrez.

Ratafia de Café distillé.

        Café moka brûlé..   250 grammes.
        Eau-de-vie...... .. 2,300   »

Laissez infuser deux mois, puis distillez 1 k. 750 de liquide que vous remettrez sur le marc pour ne retirer définitivement que 1 k. 500 de liqueur, à laquelle vous ajouterez le sirop suivant :

        Sucre.................. 625 gr.
        Eau .... 1,000 »

Ratafia de Cannelle.

        Alcoolat de cannelle (p. 49) .   500 gr.

Mêlez au sirop suivant :

        Sucre.................. 340 gr.
        Eau .... 170 »

Mêlez et filtrez.

Ratafia de fleurs d'oranger.

        Alcoolat de fleurs d'oranger (p. 47)   400 gr.
        Eau distillée de fleurs d'oranger ..   400   »
        Sucre....................... 200   »

Faites fondre, mêlez et filtrez.

OBSERVATIONS

PRIX DE REVIENT ET MODIFICATIONS DIVERSES

K.	GR.		F.	C.

Ratafia de Roses ou huile de roses.

Alcoolat de roses (p. 51).... 1,000 gr.
Eau de roses............ 350 »
Eau .... 600 »
Sucre................ 500 »

Mêlez, colorez en rouge pour avoir un produit semblable à celui des distillateurs, filtrez.

Ratafia de Thé.

Thé vert............. 30 grammes.

Versez dessus un verre d'eau froide, laissez infuser une journée pour donner aux feuilles de thé le temps de se dérouler, de manière à se laisser imprégner; mettez infuser deux jours dans

Eau-de-vie......... 1,200 grammes.

Distillez pour recueillir 800 grammes de produit. Ajoutez le sirop suivant :

Eau .... 300 gr.
Sucre........... ...... 600 »

Mêlez, laissez en contact huit jours et filtrez.

Ratafia de Vénus ou huile de Vénus.

Ratafia de vanille (page 31)............. 500 gr.
Alcoolat de canelle (page 49)............. 10 »
—   d'œillet (page 49) .... 10 »
—   girofles (page 49) .... 5 »
—   fleurs d'oranger (page 47)........ 10 »

Ratafia de Vénus, n° 2.

Fleurs de carottes sauvages mondées.... 40 gr.
Eau-de-vie..................... 1,500 »

OBSERVATIONS

PRIX DE REVIENT ET MODIFICATIONS DIVERSES

K.	GR.		F.	C.

Faites infuser vingt-quatre heures ; distillez pour recueillir 1,200. Mêlez au sirop suivant :

> Infusion de thé concentrée......... ... 400 gr.
> Sucre............................... 800 »

Ratafia de Cédrat ou Parfait amour.

> Alcoolat de cédrat.................. 500 gr.
> Eau................................. 500 »
> Sucre............................... 500 »

Mêlez, faites dissoudre et filtrez. Le Parfait amour des liquoristes est cette liqueur, colorée en rouge avec la cochenille, que l'on enferme dans un sachet qui infuse dans la liqueur jusqu'à ce qu'on la trouve assez colorée.

Ratafia des Barbades ou crème des Barbades.

> Zestes frais d'oranges.............   30 gr.
> —   de citrons............   120 »
> Girofles...........................   2 »
> Coriandre..........................   4 »
> Eau-de-vie fine .... 2,000 »

Laissez infuser vingt-quatre heures ; distillez au bain marie pour recueillir 1,500 gr. de produit ; ajoutez un poids égal de sirop de sucre ainsi fait :

> Eau...............   530 »
> Sucre .... 1,000 »

Ratafia de Merises composé ou marasquin de Zara.

> Kirsch fin.......................... 150 gr.
> Alcoolat de framboises (page 51)...... 100 »
> Alcool à 85°......................... 400 »

Mêlez, ajoutez le sirop suivant :

OBSERVATIONS

PRIX DE REVIENT ET MODIFICATIONS DIVERSES

K.	GR.		F.	C.

Sucre.............. 300 gr.
Eau.............. 1,200 »

Mêlez, filtrez.

Le véritable marasquin vient de Dalmatie.

§ III. — EAUX-DE-VIE PAR FERMENTATION

Kirsch.

A la suite de ces recettes, il est convenable de parler de ces produits dont chaque particulier trouve les éléments dans son jardin et qui peuvent devenir la base d'autant de marasquins différents. Il eût été impardonnable de les passer sous silence.

Formons d'abord l'alcoolat ou l'esprit aromatique destiné à devenir la base de ces liqueurs.

Prunes bien mûres.............. 5 kilog.

Séparez la chair et écrasez-la avec les mains. D'autre part, retirez les noyaux, écrasez-les, ainsi que leurs amandes, soit dans un mortier, soit en cassant les noyaux d'abord, puis écrasant les amandes avec une bouteille roulée sur une table ; réunissez le tout dans un vase (chair et amandes) placé à la cave recouvert d'un linge ; abandonnez le tout deux ou trois jours, suivant la température, en le regardant de temps en temps; après ce temps, on le découvre ; si, en quelques heures, il vient se poser de petites mouches à la surface, l'opération est terminée. On soutire la partie claire en la mettant égoutter sur une toile et on la distille.

Le produit distillé contient de l'alcool engendré par le sucre de fruits pendant l'acte de la fermentation.

Cet alcool s'est parfumé au contact des amandes écrasées des fruits. Il est important que les amandes aient été écrasées et mises au contact d'une petite quantité d'eau ; si l'alcool obtenu ne paraissait pas assez fin de goût, on repasserait à la distillation; mais l'ayant filtré avant de le distiller et l'ayant distillé au bain marie, il est peu probable qu'il ait besoin d'une nouvelle rectification.

OBSERVATIONS

PRIX DE REVIENT ET MODIFICATIONS DIVERSES

K.	GR.		F	C.

On peut opérer ainsi avec les framboises, les pêches, les cerises, le raisin, en un mot, avec tous les fruits sucrés ; souvent même on distille, en même temps que le fruit, des feuilles de ces mêmes arbres, qui souvent sont elles-mêmes parfumées.

On obtiendra ainsi des produits analogues au kirsch, qui, mélangés entre eux ou pris séparément et sucrés dans les proportions du marasquin énoncées ci-dessus, donneront des liqueurs agréables et variées à l'infini. Ce sera même une étude piquante qui stimulera agréablement le goût des amateurs. C'est dans ces occasions que l'on mettra à profit les feuillets blancs intercalés dans le texte, pour recopier les formules définitives auxquelles on se sera arrêté, et qui pourront ainsi se perpétuer dans les familles comme les liqueurs de table que nos pères nous ont léguées.

CHAPITRE III

§ Ier. — PRODUITS HYGIÉNIQUES

Produits pour l'usage interne.

Les préparations qui suivent s'exécutent comme celles du même genre qui ont précédé. A ce seul point de vue, nous aurions pu les intercaler avec elles ; cependant nous avons cru devoir les en séparer, parce que leurs propriétés les font mettre plus spécialement en usage dans les cas d'indisposition, ou quelques-unes d'entre elles ne s'emploient que pour l'usage externe comme produit de parfumerie.

Presque tous ces produits sont distillés, et, pour les obtenir, l'érorateur est d'un emploi indispensable.

Ceux que l'on obtient par infusion à froid des substances dans l'alcool, laissent beaucoup trop à désirer sous le rapport de la finesse, pour que nous ayons à nous en occuper ; de plus, ce mode aurait le grand défaut de ne pas épuiser le principe odorant des plantes, comme on le fait par l'infusion suivie d'une distillation sur la plante elle-même.

Ceci posé, dans cette partie de l'ouvrage, nous n'avons pas une classe

OBSERVATIONS

PRIX DE REVIENT ET MODIFICATIONS DIVERSES

K.	GR.		F.	C.

de produits obtenus par simple mélange, comme celle que nous avons décrite (page 5) sous le nom de ratafias par infusion. Nous abordons de suite les produits aqueux, comme étant plus simples, pour passer aux produits alcooliques.

Eau distillée de Menthe.

Menthe fraîche, feuilles et fleurs.: .. .. 250 gr.

Placez dans le petit panier et mettez :

Eau............. quantité suffisante.

Pour recueillir 250 grammes d'eau distillée aromatique, on laisse l'eau dans une terrine à l'air avant de la mettre en bouteilles, pour lui faire perdre le goût de feu qu'elle pourrait avoir retenu.

S'emploie à l'intérieur sur un morceau de sucre comme tonique dans les lassitudes d'estomac.

Eau distillée de Cannelle.

Cannelle............. 250 gr.

Elle a ceci de particulier, que la cannelle ayant été concassée et mise à tremper dans l'eau une douzaine d'heures avant d'être distillée, on recueille un litre d'eau aromatique.

Les premières portions qui passent sont troubles et comme laiteuses ; il ne faut pas s'en inquiéter, c'est un signe de la bonne qualité de la cannelle.

Elle s'emploie comme l'eau de menthe en guise de cordial, et ressemble moins, quant au goût, à un produit de parfumerie ; elle relève les forces abattues à l'état d'eau rougie avec du vin sucré.

Eau distillée d'Anis.

Semences d'anis............... 250 grammes.

Mettez dans le petit panier de l'érorateur plongé dans l'eau de la chaudière, et distillez jusqu'à ce que vous ayez obtenu un litre d'eau.

OBSERVATIONS

PRIX DE REVIENT ET MODIFICATIONS DIVERSES

K.	GR.		F.	C.

Cette eau est trouble aussi et laisse surnager quelques larges gouttes huileuses, qui ne sont autre chose que l'essence d'anis qui a été entraînée en assez grande quantité par les vapeurs.

Elle a la propriété d'être cordiale comme la précédente, elle est antiventeuse.

Elle est précieuse pour les personnes âgées ou celles des personnes dont l'estomac commence à se fatiguer ; ces personnes ressentent après le repas des lourdeurs sur l'estomac, surtout si l'exercice leur est interdit, soit par leur genre d'occupation, soit par une autre cause.

Elle a surtout cet avantage que, n'étant pas alcoolique, elle ne produit pas l'effet du petit verre de liqueur, qui, on le sait, fait monter le sang à la tête ; elle en a donc les avantages sans en avoir les inconvénients ; par cela même elle se recommande aux dames d'un certain âge dont le sang ne circule pas bien après le repas. Elle produit chez elles l'effet d'un cigare et d'une promenade après dîner chez les hommes.

Eau distillée de Sureau.

Fleurs de sureau............ 125 gr.

Opérez comme ci-dessus, recueillez jusqu'à un litre de liquide distillé.

Cette eau ne s'emploie que rarement à l'intérieur, et chaude, quand on veut se procurer une petite transpiration.

Elle s'emploie surtout à l'extérieur, pour bassiner les yeux, comme rafraîchissant.

Elle est de beaucoup préférable à l'infusion de ces mêmes fleurs, qui se gâte facilement et par cela même produit un effet tout différent de celui qu'on attend.

Eau distillée de Laitue.

Cette eau s'emploie comme la précédente pour bassiner les yeux.

Eau distillée de Roses.

Elle est également salutaire dans les mêmes cas. Sa préparation est la même que celle de menthe.

Avec ces moyens ordinaires, combien d'ophtalmies seraient évitées,

OBSERVATIONS

PRIX DE REVIENT ET MODIFICATIONS DIVERSES

K.	GR.		F.	C.

car le plus souvent elles atteignent les enfants qui, faute de surveillance, vivent dans la saleté, mettent leurs mains malpropres à leurs yeux et se donnent gratuitement des maladies dont la nature n'avait pas déposé le germe en eux.

C'est aux dames charitables, placées pour voir de près ces sortes d'accidents à la campagne et pour pouvoir les prévenir aussi simplement, qu'il appartient de porter la lumière sur ce point.

Je ne fais ici que signaler le mal, la cause et le remède.

Ratafia de Badiane ou Anis étoilé.

        Badiane concassée.. 15 grammes.
        Eau-de-vie........ 800   »

Laissez infuser huit ou dix jours et distillez dans le petit seau de l'érorateur, au bain marie, jusqu'à ce que vous ayez recueilli 600 gr.

Ajoutez le sirop suivant :

        Eau...................... 500 gr.
        Sucre.................... 400 »

S'emploie à la dose d'un petit verre à liqueur après le repas ou dans un demi-verre d'eau dans le courant de la journée, dans le cas de digestions incomplètes accompagnées de renvois gazeux.

Également bon pour aromatiser des pâtisseries sèches.

Alcoolat de Mélisse composé.

(EAU DE MÉLISSE DES CARMES)

        Mélisse fraîche en fleur..... 350 gr.
        Zestes frais de citrons...... 60 »
        Cannelle fine.............. 30 »
        Girofles.................. 20 ›
        Muscades........·........ 30 »
        Coriandre................ 30 »
        Racine d'angélique........ 15 »
        Alcool à 85°........... 2,000 »

PRIX DE REVIENT ET MODIFICATIONS DIVERSES

K.	GR.		F.	C.

Écrasez les substances sèches, hachez les substances fraîches et laissez infuser le tout pendant quatre jours ; distillez le tout, de manière à ne recueillir que 1,500 gr. de produit distillé. Le point important est de distiller lentement et d'arrêter l'opération quand les produits qui s'écoulent commencent à perdre de leur parfum.

Le produit obtenu est analogue à l'eau de mélisse, dite des Carmes, il en a toutes les propriétés, qui sont trop connues pour que je les répète ici ; il a surtout l'avantage d'être infiniment moins cher.

Élixir de Garus des pharmacies.

Produit par distillation, infiniment plus suave que celui qui n'est que le résultat d'un mélange (page 33).

Myrrhe	0,50
Aloès....................	3,50
Girofles	3,50
Muscades.................	5 gr.
Cannelle de Ceylan.........	8 »
Sassafras.................	2 »
Alcool à 85°	1,000 »

Concassez les substances, faites infuser douze heures dans l'alcool ; distillez au bain marie dans le petit seau de l'érorateur jusqu'à ce que vous ayez recueilli 800 gr. de produit dans lequel on fait infuser douze heures.

Vanille.............	0,80 gr.
Safran..............	0,50 »

Filtrez et ajoutez :

Sirop simple..................	600 gr.
Eau de fleurs d'oranger	300 »
Esprit de framboises (page 51)....	100 »

Élixir de Menthe.

Alcoolat de menthe (page 77) ... 500 gr.

OBSERVATIONS

PRIX DE REVIENT ET MODIFICATIONS DIVERSES

K.	GR.		F.	C.

Mêlez au sirop suivant :

Sucre...........	370 gr.
Eau	170 »

Mêlez, filtrez. Tonique excitant, très-recommandé dans les cas où les aliments traversent le corps sans être digérés, dans les diarrhées produites par l'abus des fruits verts, etc.

Alkermès italien.

Cannelle....................	12 gr.
Macis	7 »
Girofles....................	2 »
Muscades	2 »
Alcool à 85°................	1,900 »
Eau........................	100 »

Laissez infuser cinq jours, distillez pour recueillir 1,700 gr. de produit, ajoutez le sirop suivant :

Sucre.....................	3 kil.	»
Eau......................	1	500
Eau de roses...............	1	250

Colorez avec de la cochenille enfermée dans un nouet qu'on y laisse infuser.

Cette préparation jouit d'une grande réputation en Italie, à Naples, où son emploi a sa raison d'être, parce que, dans ces pays chauds, où l'on consomme beaucoup de boissons acides, des limonades, des sorbets, il est nécessaire que les estomacs soient tonifiés par l'usage fréquent d'une liqueur tonique et stomachique.

§ II. — PRODUITS A L'USAGE EXTERNE

Alcoolat de Citrons laiteux.

Zestes de citrons........	180 grammes.	
Alcool à 80°.............	1,000	»
Eau	500	»

OBSERVATIONS

PRIX DE REVIENT ET MODIFICATIONS DIVERSES

K.	GR.		F.	C.

Faites infuser huit jours, distillez 1,000 grammes de produit. S'emploie pour aromatiser l'eau de toilette des dames.

Alcoolat de Bergamotte.

S'emploie dans le même cas.

Alcoolat de Lavande.

Sommités fleuries de lavande........   350 gr.
Alcool à 85°..................... 1,000 »
Eau.........................   500 »

Laissez infuser quatre jours; distillez au bain marie pour retirer 1,000 grammes de produit.

Alcoolat de Romarin.

Se prépare de même.

S'emploient tous les deux dans un bain de corps à la dose de un litre pour une grande personne, ou 1/2 pour un enfant. Ces bains sont fortifiants et conviennent aux enfants et aux jeunes personnes particulièrement.

Alcoolat d'Absinthe.

Se prépare de même.

Ce dernier alcoolat a le même usage que les deux précédents à la dose de 1/2 litre dans un grand bain. Excellent dans les cas de lassitude nerveuse ou morale, convient mieux aux dames que les précédents, peut se couper avec du vinaigre.

Alcoolat de Roses.

Feuilles de roses odorantes......... 500 gr.
Alcool à 85°.................... 500 »

Laissez infuser un ou deux jours, ajoutez 500 gr. d'eau au moment de distiller, et recueillez 700 gr. de produit.

Eau agréable pour aromatiser l'eau de toilette du visage, le mouchoir, donne un parfum peu commun.

OBSERVATIONS

PRIX DE REVIENT ET MODIFICATIONS DIVERSES

K.	GR.		F.	C.

Il en est de même pour les alcoolats de :

Réséda.......
Héliotrope ....
Muguet ...... } qui ont les mêmes emplois.
Jasmin ......

Alcoolat de Menthe (rince-bouche).

Feuilles et fleurs de menthe mondées   500 gr.
Alcool à 85°..................   1,500   »
Eau distillée de menthe (page 65)..   500   »

Faites infuser huit jours, distillez pour recueillir 1500 gr. de produit.

Excellent comme rince-bouche, très-apprécié des fumeurs et surtout des dames qui n'aiment pas l'odeur de l'haleine enfumée.

Excellent pour parfumer les bols d'eau tiède que l'on fait circuler à la fin d'un repas servi à la mode anglaise.

Eau de miel anglaise.

Coriandre ....   100 gr.
Zestes frais de citrons   20   »
Girofles   15   »
Muscades.................   10   »
Benjoin   10   »
Vanille...   8   »
Alcool   1000   »

Faites infuser les substances concassées dans l'alcool pendant trois jours, ajoutez :

Miel....................   160 gr.
Eau de rose (page 43)   100   »
   »   fleurs d'oranger.......   100   »

Distillez au bain marie tant qu'il passera de l'alcool. Quelquefois on y ajoute du musc, mais nous l'avons mis en dehors de la recette

OBSERVATIONS

PRIX DE REVIENT ET MODIFICATIONS DIVERSES

K.	GR.		B	C.

parce qu'il est toujours temps de l'y ajouter suivant le goût des amateurs.

Tous ces produits hygiéniques alcooliques se prêtent parfaitement à l'addition du vinaigre blanc ou du vinaigre ordinaire, particulièrement dans l'emploi pour bains et lotions.

Ils sont en tout cas préférables à ceux du commerce qui contiennent des sels vénéneux de plomb et même de mercure. Leur emploi ne peut donc donner lieu à ces regrettables accidents dont les dames sont victimes.

Eau dentifrice de Vénus.

Toute eau dentifrice est une liqueur alcoolique, parfumée avec des produits tels que la cannelle, le girofle, etc., et colorée avec de la cochenille. La seule différence qui existe d'une eau à l'autre, réside dans les proportions variables des divers ingrédients qui les composent et le plus ou moins d'acidité qu'on leur donne.

Quelquefois aussi certains fabricants y mettent des substances qui forment de la mousse, telles que de la racine de pyrèthre ou simplement du savon blanc.

Voici une formule qui donne un bon produit, comparable à celui des meilleures marques de fabrique :

Girofles	12 gr.
Cannelle	12 »
Badiane	12 »
Bois de Panama	12 »
Pyrèthre	12 »
Benjoin	12 »

Laissez infuser toutes ces substances en poudre grossière, au moins huit jours, et plus s'il est possible ; d'autre part, écrasez le plus finement possible avec un peu d'eau pour former pâte :

Cochenille	8 gr.
Crème de tartre	8 »

Mettez le tout dans

Alcool fort à 80°	2 lit.

PRIX DE REVIENT ET MODIFICATIONS DIVERSES

K.	GR.		F.	C.

Quand l'infusion est terminée, on passe et on ajoute :

Essence de menthe fine........... 8 gr.

Cette eau dentifrice supérieure forme un beau nuage rosé quand on en verse quelques gouttes dans un verre d'eau. Sa supériorité de goût dépendra de la finesse de l'essence de menthe.

Si nous appelons l'attention sur le choix de l'essence, c'est que nous savons mieux que personne combien la véritable essence de menthe est rare dans le commerce.

Eau de Cologne.

Le véritable pendant de l'eau dentifrice est l'eau de Cologne ; pour nous renfermer dans notre programme, nous donnons la formule suivante et nous n'en donnons qu'une.

Alcool de vin à 80° fin...........	1 litre.
Essence de Bergamotte..........	3 grammes.
— de cédrat...............	3 »
— de citron...............	3 »
— d'oranges ou de Portugal..	3 »
— de fleurs d'oranger (néroli).	2 »
— de roses...............	X gouttes.
Eau de miel anglaise............	10 grammes.

Laissez infuser quinze jours et filtrez.

Ici encore, tout le succès dépendra de la supériorité des essences, qu'il est important de rencontrer pures dans le commerce.

TROISIÈME PARTIE

MÉTHODE D'ESSAIS DES VINS

Ces essais se pratiquent dans un petit érorateur dessiné ci-contre ; on mesure du vin à essayer dans l'éprouvette jusqu'au trait I ; on verse

OBSERVATIONS

PRIX DE REVIENT ET MODIFICATIONS DIVERSES

K.	GR.		F.	G.

cette quantité de vin dans la chaudière B, que l'on recouvre du couvercle P rempli d'eau froide ; on introduit aussi de l'eau dans le bassin annexé R.

Le tout étant ainsi disposé, on allume la lampe L en faisant supporter directement le coup de feu à la chaudière B. Le vin chauffé émet

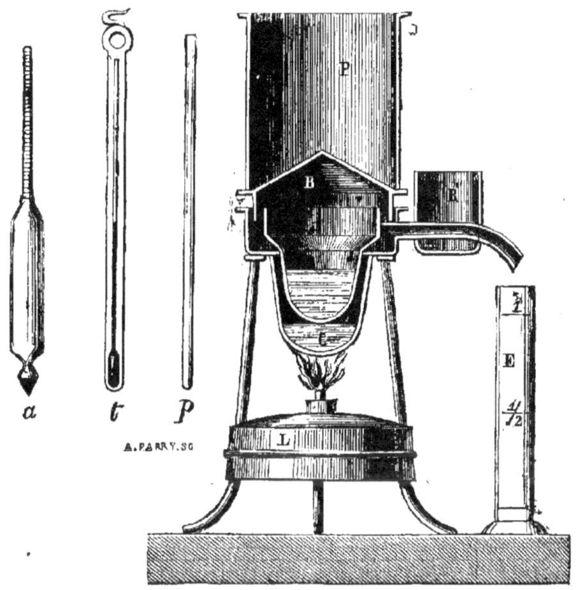

promptement des vapeurs qui se condensent à l'état d'alcool dessous le couvercle ; on laisse écouler cet alcool par le tube de déversement dans l'éprouvette jusqu'au trait 1/2. A ce point on éteint la lampe L, la distillation est terminée et tout l'alcool contenu dans le vin est passé dans l'éprouvette E ; pour l'apprécier, on verse de l'eau sur l'alcool dans l'éprouvette jusqu'au trait 1, on rétablit ainsi le volume primitif du vin employé.

Il suffit alors de plonger le thermomètre t et l'alcoomètre a dans le liquide ; les deux indications fournies par ces deux instruments rapprochés de la table de correction de Gay-Lussac, donnent exactement le volume d'alcool contenu dans un vin quelconque.

On opérerait de même si l'on voulait essayer un cidre, une bière, une liqueur quelconque.

OBSERVATIONS

PRIX DE REVIENT ET MODIFICATIONS DIVERSES

K.	GR.		F.	C.

La chaudière C ne sert que quand on veut faire l'essai au bain marie. Notre appareil est le seul qui permette ce genre d'essai, qui est l'unique moyen connu jusqu'à ce jour pour reconnaître si un vin a été frauduleusement additionné d'alcool étranger à la vigne. Nous ne décrirons pas ce genre d'essai, qui est détaillé entièrement dans la notice qui accompagne l'instrument et qui ne concerne que les hommes spéciaux.

Nous avons seulement cru devoir rappeler ici le procédé général d'essai des vins, parce que si l'on voulait faire un essai avec l'érorateur des ménages, on n'aurait qu'à mettre un litre de vin dans la chaudière de l'érorateur, la chauffer modérément et ne recueillir que 1/2 litre de liquide ; ajouter à ce 1/2 litre d'alcool, 1/2 litre d'eau pour rétablir le volume employé et plonger dans ce mélange les alcoomètres et thermomètres ci-dessus indiqués.

Le même procédé donnerait donc, on le voit, avec l'érorateur des ménages, des résultats identiques. Rien de plus facile que de les obtenir, puisque nous fournissons séparément les différents accessoires de nos appareils avec les indications nécessaires.

Nous croyons avoir rendu service aux propriétaires, qui, avec le même érorateur des ménages, par la simple acquisition de l'alcoomètre et du thermomètre, pourront ainsi se rendre compte eux-mêmes de la qualité alcoolique de leurs récoltes.

Pour les personnes désireuses de connaître le degré alcoolique de leur vin, qu'il s'agisse d'une simple satisfaction à se donner ou d'une transaction commerciale, nous rappelons ici que nous avons établi un laboratoire central d'analyses alcooliques des vins, à façon, et que, pour la modique somme de un franc, nous délivrons des certifiats de richesse alcoolique, de toute espèce de liquide, sur tout échantillon de 1/2 litre déposé entre nos mains.

Ces certificats sont détachés d'un livre à souche, pourvus d'un numéro d'ordre ; de plus, une fiole, contenant deux doses de l'échantillon déposé, est conservée pendant deux années avec le même numéro d'ordre, en cas de contestations.

Nous avons vu, en fait de distillation, tout ce qui peut intéresser le particulier, le propriétaire intelligent ; nous n'attendrons pas une se-

OBSERVATIONS

PRIX DE REVIENT ET MODIFICATIONS DIVERSES

K.	GR.		F.	C.

conde édition de notre ouvrage pour y apporter le supplément si indispensable qui va suivre.

Seulement nous ne ferons que signaler ici, pour ne pas outrepasser les limites que nous nous étions assignées dans ce guide.

Confection des fruits confits.

Ces sortes de produits, que chacun peut faire chez soi et qui offrent de l'intérêt dans leur préparation aux dames particulièrement, se font dans l'étuve de campagne.

La première condition à remplir est de savoir faire cuire du sucre dans l'eau au point voulu.

La seconde condition est de savoir n'exposer un fruit qu'à une température désirée.

Hors de là, pas de succès possible.

Nous renverrons pour le détail de chacune de ces préparations aux

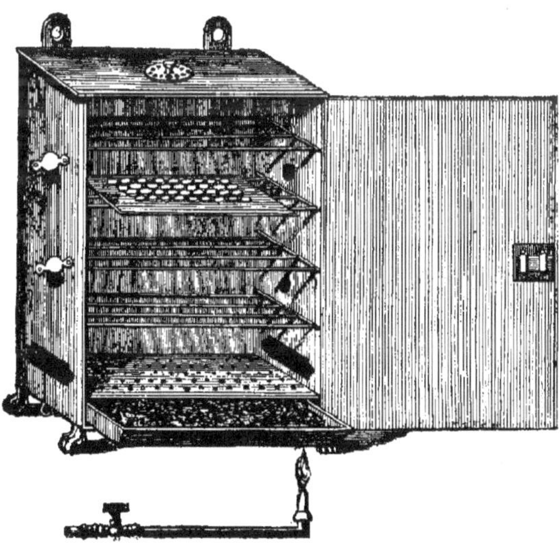

livres spéciaux ; nous dirons seulement que l'étuve portative, figurée ci-dessus, abrège ces sortes de confections, en évitant d'attendre des journées entières pour laisser dessécher le sirop cuit à la surface du fruit que l'on se propose de conserver par le sucre.

OBSERVATIONS

PRIX DE REVIENT ET MODIFICATIONS DIVERSES

K.	GR.		F.	C.

C'est cette prolongation fastidieuse dans la durée des confections de fruits glacés qu'il importait de réduire à aussi peu de temps que possible.

C'est précisément ce but que notre étuve atteint, de telle sorte que lorsque le fruit est cuit à l'eau et épluché, on le passe alternativement dans un sirop bouillant, puis à l'étuve, jusqu'à ce que le sucre l'ait bien pénétré, après quoi on le passe à un sirop très-concentré et bouillant pour le glacer.

Confection des conserves alimentaires.

Nous comprenons sous cette dénomination les liqueurs et fruits que la dessiccation permet de conserver, d'une année sur l'autre, et de consommer au point de verdeur et maturité qu'ils avaient au moment de leur récolte.

S'il s'agit de dessécher des feuilles ou fleurs, on a le soin de les monder en rejetant les parties ligneuses inutiles à employer et qui gêneraient la dessiccation.

On les dispose en couches peu épaisses sur les claies de crin, et l'on chauffe, en ayant le soin de laisser toutes les ouvertures latérales ouvertes.

Le combustible qui est préférable, est celui qui, exempt de fumerons, donne le moins d'odeur; le charbon de Paris, à la fois économique et inodore, remplit très-bien ce but.

La feuille de tôle perforée, que nous joignons à nos étuves, se met au-dessus du charbon; elle a pour but de garantir contre les coups de feu, sans pour cela empêcher la chaleur de monter; on surveille la dessiccation que l'on arrête, sans attendre que les feuilles soient très-friables.

Quand on veut dessécher des fruits charnus, tels que des prunes, abricots, on les choisit d'abord bien sains et bien mûrs, pour qu'ils soient sucrés et par suite de bonne conservation.

Quand on veut dessécher des légumes pour potages, on les réduit en petits morceaux, comme lorsque l'on veut les préparer pour les potages à la Julienne.

OBSERVATIONS

PRIX DE REVIENT ET MODIFICATIONS DIVERSES

K.	GR.		F.	C.

Dès qu'ils sont amenés à cet état, on les dispose à chaque étage de l'étuve, et l'on chauffe d'abord doucement, puis plus fortement, en ayant soin, quand les parties inférieures sont desséchées, de les remplacer par celles qui sont sur les étages supérieurs, en présentant ainsi successivement toutes les portions à la chaleur.

Quand les légumes sont convenablement desséchés, on les emmagasine dans des boîtes en bois que l'on place dans un lieu sec et obscur comme une armoire. Si l'on craint les insectes, on peut empêcher l'arrivée de l'air dans la boîte en la calfeutrant avec du papier collé sur les jointures.

Ce mode de dessiccation rapide rend des services éminents, quand l'atmosphère est humide et chaude, à l'époque des récoltes.

Comme on ne peut consommer tous les légumes verts qui poussent en même temps, on est bien aise d'en réserver l'emploi pour des époques ultérieures plutôt que de les laisser monter en graines (*exemple :* les haricots verts).

Notre étuve permet aussi de dessécher les légumes dont la germination commence avant que l'heure de les consommer ne soit arrivée (*exemple :* les pommes de terre).

TABLE DES MATIÈRES

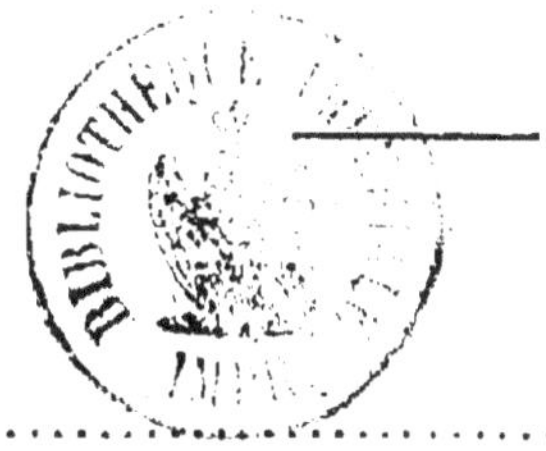

PREMIÈRE PARTIE

LIQUEURS DE TABLE OBTENUES SANS DISTILLATION

NOTIONS GÉNÉRALES

CHAPITRE PREMIER

LIQUEURS MÉNAGÈRES DE FRUITS

CHAPITRE II

RATAFIAS

DEUXIÈME PARTIE

PRODUITS OBTENUS PAR DISTILLATION

CHAPITRE PREMIER

EAUX DISTILLÉES AROMATIQUES

CHAPITRE II

§ Ier. — ALCOOLATS OU ESPRITS AROMATIQUES DISTILLÉS.

§ II. — RATAFIAS DISTILLÉS

§ III. — EAUX-DE-VIE PAR FERMENTATION

CHAPITRE III

PRODUITS HYGIÉNIQUES

§ Ier. — PRODUITS POUR L'USAGE INTERNE

§ II. — PRODUITS POUR L'USAGE EXTERNE

TROISIÈME PARTIE

MÉTHODE D'ESSAI DES VINS

Anc. M^{on} BÉNARD. — Imp. Serkines Frères, place du Caire, 2.

www.ingramcontent.com/pod-product-compliance
Lightning Source LLC
LaVergne TN
LVHW020524210726
843507LV00026B/505